大人も知らないことばの世界

朝日新聞出版

ことばって
何だろう？
なん

ことばは、
自分の気持ちなど、
言いたいことを
伝えるための

大事な道具。

実はことばにはイロイロな面白いヒミツがある。そのヒミツを知れば、ことばにますます興味が持てる。

この本を読んで、大人も知らないことばのヒミツを知ろう！
いろいろなことばを上手に使えると、表現が豊かになっておしゃべりや作文がトクイになるかも。

1章 大人も知らない ことばの由来1

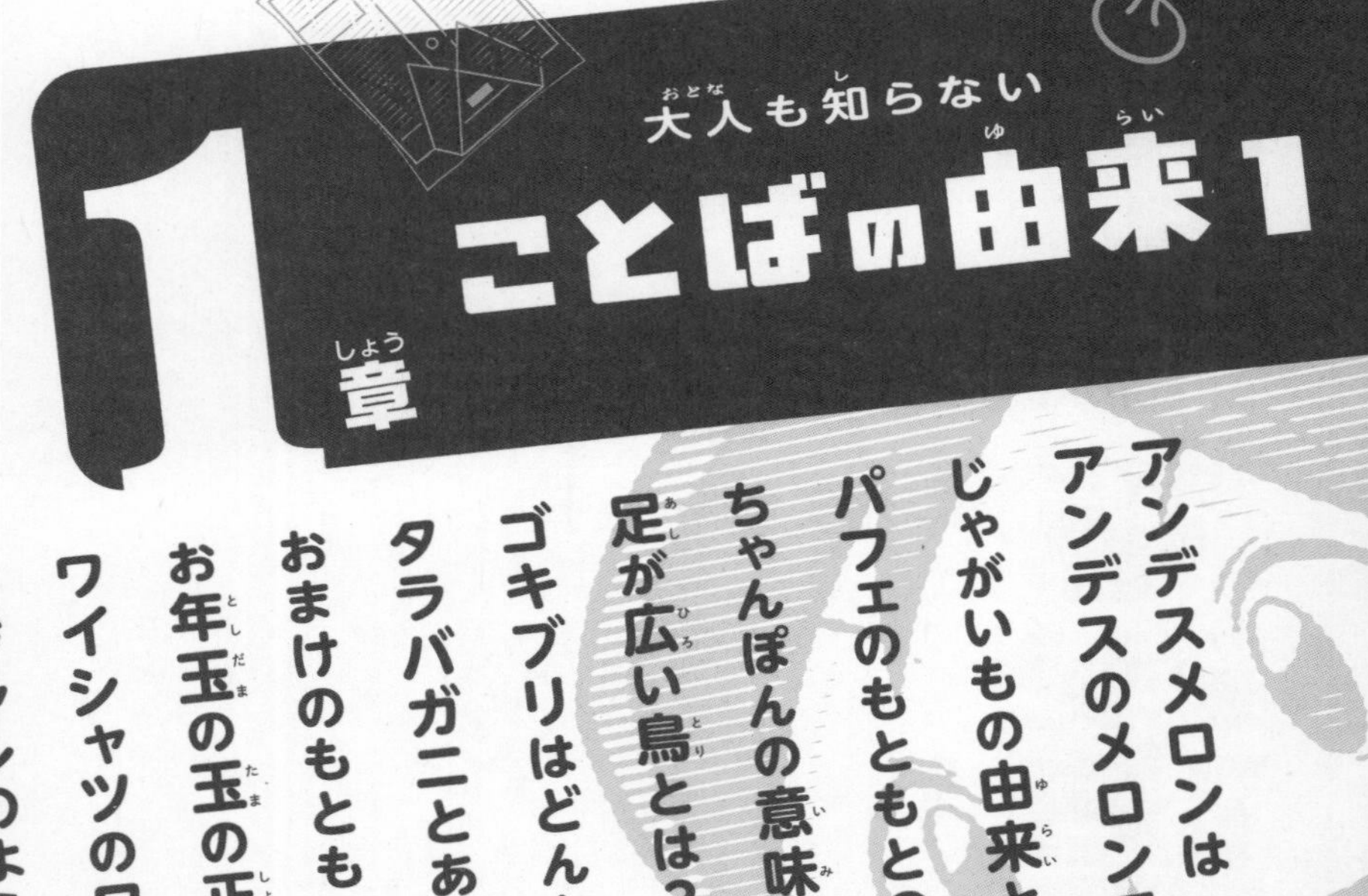

2章 大人も知らない ことばの使い分け

どこからでもすぐに読めます！

3章 大人も知らない ことばのヒミツ

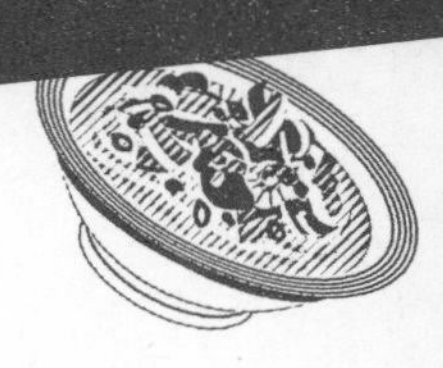

4章 大人も知らない ことばの由来2

5章 大人も知らない ことばのまちがい

天地無用

コラム

1章 ことばの由来 1

大人も知らない

アンデスメロンは「安心ですメロン」の略

アンデスメロンは、あみ目模様が特ちょうのメロンの品種の一つ。

アンデス山脈のある南アメリカが原産地と思われがちですが、そうではありません。

実は日本産で、「作って安心・売って安心・買って安心」という思いから、「安心ですメロン」を縮めて「アンデスメロン」となったとのこと。

マスクメロンなど、あみ目のあるメロンはもともと高級品でしたが、アンデスメロンは比較的手ごろな値段で買えたので大衆メロンとして広まりました。

アンデス産？ 実は日本産です。

じゃがいも

名前の由来はジャガタラいも

ポテトサラダにポテトチップス、おかずにもおやつにもじゃがいもは大人気です。

そんなじゃがいもが、初めて日本にやってきたのは１５９８年のこと。インドネシアのジャカルタから、オランダの商船によって運ばれてきました。

この当時、日本では、ジャカルタをオランダ語で「ジャガタラ」と言っていました。そのため、「ジャガタラ」の「いも」ということで、「ジャガタラいも」と呼ぶようになり、やがてそれが縮まって「じゃがいも」と呼ばれるようになったのです。

じゃがいもはジャカルタからやってきたおいも。

完（かん）ぺきなデザートという意（い）味（み）の

パフェ

アイスクリームや生クリーム、季節のフルーツなどが、脚つきの背の高いガラスの器に、豪華に盛りつけられたパフェは、まさしくデザートの芸術品。

　パフェは、「完ぺきな」を意味するフランス語の「パルフェ」が変化してできた言葉です。好きなものがつまった「完ぺきなデザート」という意味で名付けられました。

　ちなみに、もともとのフランスのパルフェというデザートは、お皿の上にのったアイスクリームの一種で、私たちが知っているパフェとは少しちがうようです。

パルフェは英語でパフェ。だから日本ではパフェと呼ぶようになったみたい。
パフェはパーフェクト。つまりパルフェと同じ「完ぺきな」という意味。

まさにパルフェ（パーフェクト）なデザート！

ちゃんぽんは

混ぜ合わせるという意味

「ちゃんぽん」といえば、長崎名物のめん料理が有名ですね。「ちゃんぽん」という言葉には、「いろいろなものを混ぜ合わせる」という意味があります。

どうしてこの言葉ができたのかは、はっきりわかっていません。

中国語の「簡単なご飯」という意味の「喰飯（シャンポン）」がなまったという説や、「食事をとったか？」というあいさつの言葉「吃飯（シャポン）」からという説、ポルトガル語の「混ぜる」という意味の「チャンポン」からきているという説、楽器の鉦と鼓を交互に鳴らす音からきているという説など、さまざまな由来があります。

ちゃんぽんの由来はいろいろ！

大人も知らない ことばの由来 ⑦

足(あし)が広(ひろ)い鳥(とり)、だから アヒル になった。

アヒルは、マガモを家ちくとして改良したもの。池や沼などの水辺で生活する水鳥です。

指の間に水かきがついた広くて大きな足をもっているため、上手に泳ぐことができます。

アヒルの名前の由来は、この「足が広い」ところ。アヒルの「ア」は足、「ヒル」は広いという意味だと考えられています。つまり、「足広」→「アヒロ」→「アヒル」と変わっていったというわけ。

水中では有利な広い足ですが、陸の上ではちょっと不便そうですね。

陸ではヨチヨチ歩きのぼくたちだけど……。
水の中ではこの通り！
ヨチ
スーイ
スーイ

アヒルは足が広くて泳ぐのが得意！

大人も知らない
ことばの由来①

ゴキブリは

御器(ごき)の食(た)べ残(のこ)しにかぶりつく虫(むし)のこと

黒光りする平らな体で、すばやく台所をカサコソと走りぬけるゴキブリ。苦手な人も多いことでしょう。

ゴキブリの名前の由来は、「食器をかじる虫」。その理由は聞けば納得です。今から1000年ほど前の平安時代、おわんなどの食器のことを「御器」と呼んでいました。その御器に残った食べ残しをかじる（かぶり）ために集まってくる虫を、「ごきかぶり」と呼びました。この「ごきかぶり」が、のちに変化して、「ごきぶり」になったといわれています。

おわんごとかぶりつく おどろきの食欲！

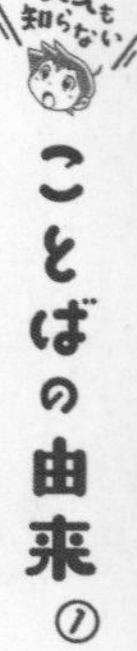

タラバガニ

名前(なまえ)の由来(ゆらい)は
タラのとれる場所(ばしょ)にいるカニ
だから

あしを広げると、1メートル以上にもなる大きなタラバガニ。少々お高いけれど、とてもおいしくて人気のあるカニです。

漢字で書くと「鱈場蟹」。「鱈場」とは、魚のタラがよくとれる場所という意味です。漁師さんがタラをとろうと思ったら、あみにこのカニがよくかかっていたことが名前の由来なんだとか。

ちなみに、「カニの王様」といわれることもあるタラバガニですが、実はカニではなくヤドカリの仲間なんです。見た目がカニに似ているから、カニと名前がつけられてしまったんですね。

タラバガニ、
漢字で書くと「鱈場蟹」。

大人も知らない
ことばの由来①

おまけは負(ま)けるの意味(いみ)だった。

カードやおもちゃなど、おまけにつられてお菓子を買ったことはありませんか？　お店のお菓子売り場は、おまけつきの商品でいっぱいです。

景品をつけるだけではなく、ものの値段を安くすることも「おまけ」といいます。

たとえば、「値段をまける」という言い方がありますよね。「おまけ」はもともとは、値段のかけ引きに「負けた」という意味なのです。

値下げをしたり、景品をつけたりして、元が取れずに大負けしないように、ものを売るのも大変ですね。

お客さんには負けたよ。おまけにきゅうりもつけちゃう！
もうひと声！トマトもおまけして～。
それか、値段をまけてちょうだい!!

値段のかけ引きは勝負事と同じ？

お年玉の玉は、お金ではなくたましいのこと

ことばの由来①

お正月の楽しみの一つといえば、お年玉ですね。

ところで、本来お年玉は、お金ではなかったことを知っていますか？

もともと「お年玉」とは、お正月に年神様という新年の神様をおむかえするために供えた丸い「かがみもち」のことでした。

日本では、この「かがみもち」に、年神様の生命、つまり「たましい」が宿っていると考えられていました。そして、お年玉として、子どもたちに食べさせることで、一年を無事に過ごせるよう祈ったのです。

失礼な子どもじゃな。
え〜!? お金のほうがいいよ〜。

お年玉はもともと神様のたましい。

※他にも、年の初めの賜物なので、「お年賜」と言うようになったともいわれています。

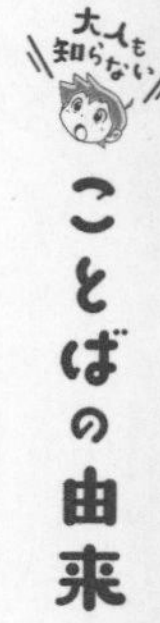

ワイシャツ

名前(なまえ)の由来(ゆらい)は・・・・・ホワイトシャツ。

ワイシャツといえば、大人の人がスーツの下に着る、えりつきのシャツのことですね。

「ワイシャツ」という言葉が登場したのは、100年以上前の明治時代のこと。当時は白いシャツが主流。そこで、英語の「ホワイトシャツ」がなまって「ワイシャツ」になったようです。

今では、白いシャツ以外の色や柄つきもワイシャツと呼びますが、昔は白色だけがワイシャツだったんです。

ちなみに、「ティーシャツ」の名前の「ティー」は、アルファベットのT。形が似ているからだそうです。

Yシャツではなくて
ホワイトシャツ!

太陽のつぎに明るいから、

月（つき）

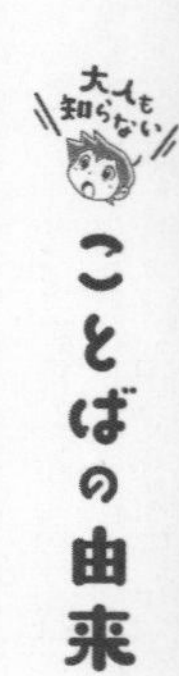

三日月、満月、新月、おぼろ月、望月、十六夜月――。

日本語には月を表す言葉が数えきれないほどあります。それほど、月は日本人にとって、親しみぶかい特別な存在なのです。

そんな月は、空にある星の中で、太陽の次に明るくかがやいて見えることから、「つき」と呼ばれるようになったといわれています。まるでダジャレみたいですね。

ところで、月は太陽のように自分で光を出していません。太陽の光を受けてかがやいているのです。

星の明るさグランプリ
1
2
3
3位は、「明けの明星」こと金星！
太陽のおかげで2位になれた！月だけに、ツキがあるな～。

名前の由来は まるでダジャレ！

※他にも、輝きが尽きるという意味で、「尽き」に由来するともいわれています。
また、金星は「宵の明星」とも呼ばれます。

非常口のマークにいるこの人は？

名前は…

ピクトグラム

視力検査で見るこのマークは？

名前は…

ランドルト環

キャタピラーの正式な名前は？

名前は…

無限軌道

身近にあるけれど、意外に名前を知らないものがたくさんあります。

ここでは、そんなよく見るけれど、名前を知らないものや、いつも呼んでいる名前があるけれど、実は正式名称はまったくちがうものを紹介します。

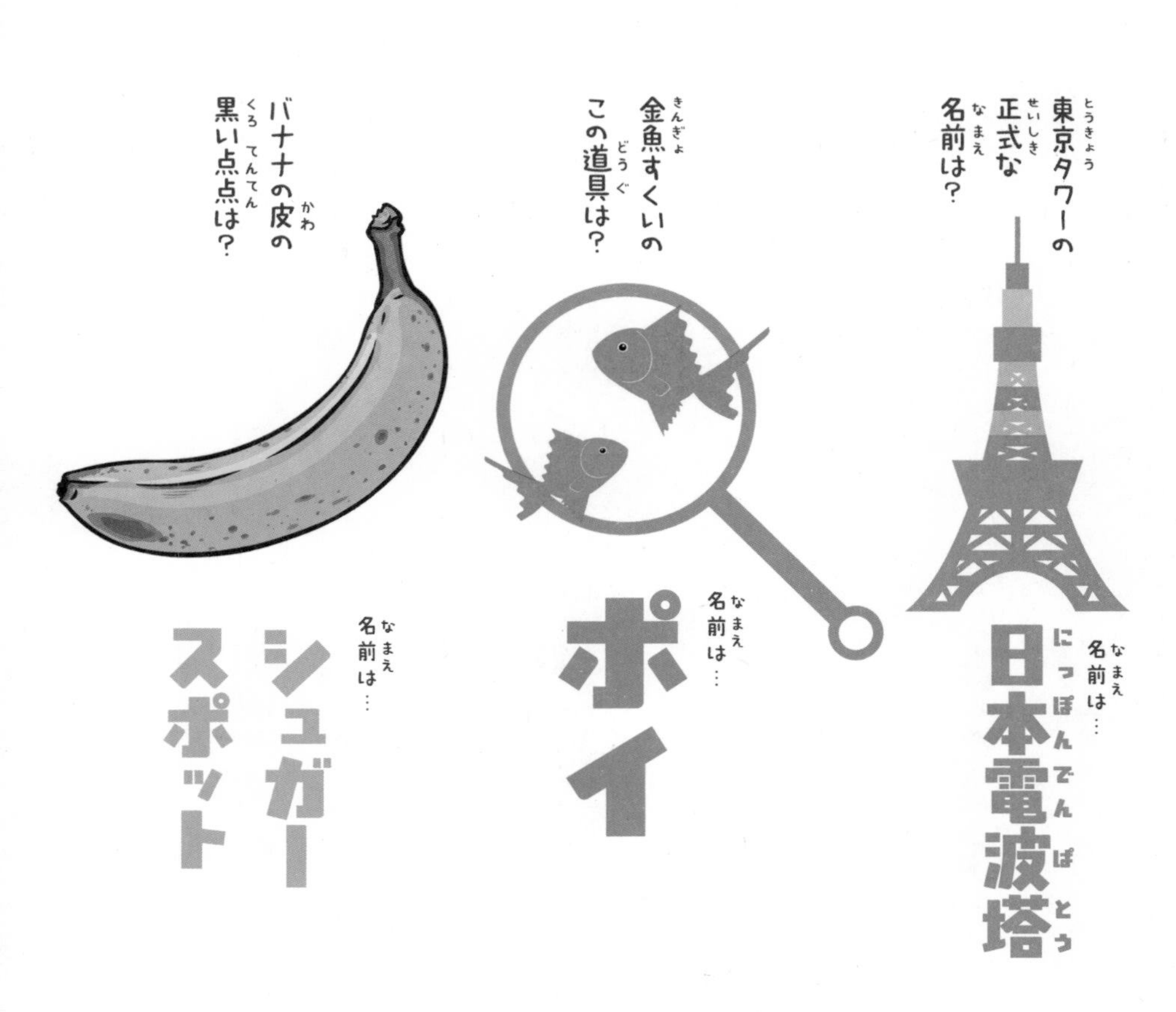

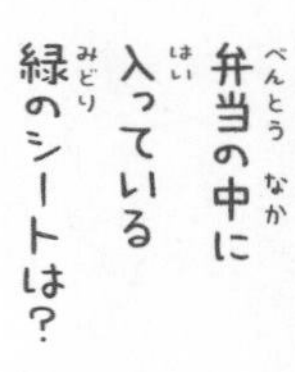

弁当の中に
入っている
緑のシートは？

名前は…

バラン

荷物を
包むプチプチの
シートは？

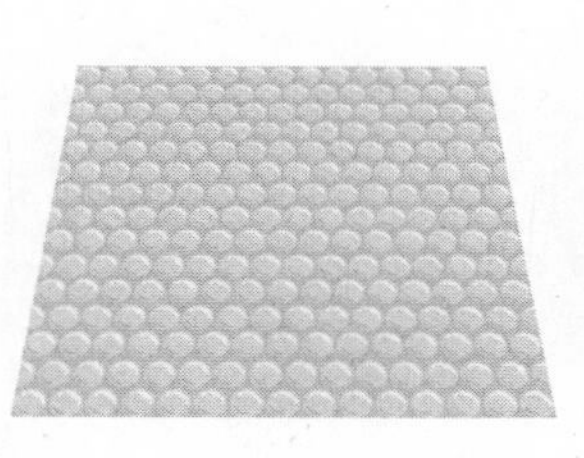

名前は…

気泡緩衝材

パックの
肉や魚の下の
紙は？

名前は…

**ドラキュラ
マット**

2章

大人も知らない ことばの使い分け

卵(たまご)と玉子(たまご)どうちがう?

大人も知らない
ことばの使い分け

お弁当の定番メニューの「たまご焼き」。漢字で書くと、「卵焼き」と「玉子焼き」のどちらだと思いますか。

そもそも、「卵」と「玉子」には、どんなちがいがあるのでしょう。

「卵」は、生き物のたまご全般のことを表すことばで、「玉子」は、主に食用のニワトリのたまごのことを表すことが多いようです。

また、スーパーにならんでいるニワトリのたまごの場合は、生の状態のものを「卵」、調理されたものを「玉子」と書いているのが一般的なようです。

一般的には、生だと「卵」、調理したら「玉子」。

ものさしと定規(じょうぎ)どうちがう？

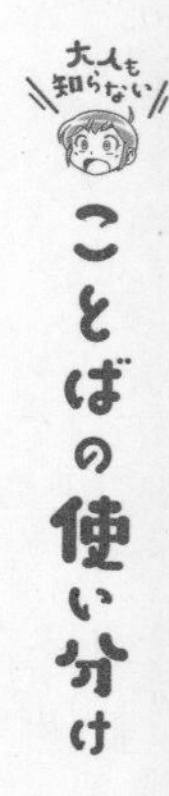

あなたの筆箱の中に入っているのは、「ものさし」ですか？　それとも、「定規」？

「ものさし」とは、物の長さを測るための道具です。

また、「定規」とは、線を引いたり、紙などを切ったりするときに当てがって用いる道具です。実際に自分が持っているのはどちらかわかりますか。

「ものさし」と「定規」は、目盛りの0の場所で見分けられます。

「ものさし」は先端が0、「定規」は少し内側に0の位置があります。

ちがいは

ものさしは長さを測る道具、
定規は線を引く道具。

シャベルとスコップどうちがう？

花だんで花を植えたりするのに使う小さなものと、足をかけてぐいっと力を入れてほることのできるものを思い浮かべると思いますが、どっちがどっちかわかりますか。

一応、足をかけるところのあるものをシャベル、ないものがスコップとされています。

ただし、絶対にそう呼ばなければいけないというわけではありません。たとえば、関東地方などでは「シャベル」と「スコップ」を逆の名前で呼ぶこともあります。同じものでも、地域によってちがう呼び方をする場合があるんですね。

こっちはシャベル。もとは英語なんだって。
こっちがスコップ。もとはオランダ語だよ。

ちがいは 足をかけるところがあるかないか。

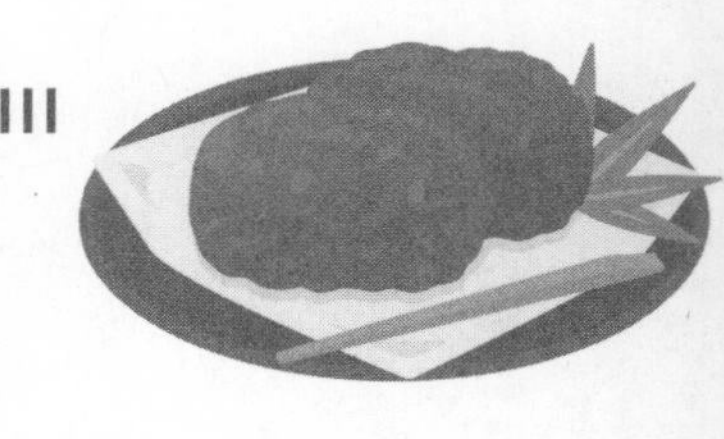

ぼたもちとおはぎ どうちがう？

「おはぎ」と「ぼたもち」は、どちらもたいたお米ともち米を軽くついて丸め、小豆あんやきな粉などをまぶしたもの。同じ食べものですが、季節によって呼び方がちがいます。

「ぼたもち」は、漢字で「牡丹餅」で、春に咲く牡丹の花に似ていることからついた名前。「おはぎ」は、漢字で「御萩」で、秋に咲く萩の花に似ていることからついた名前です。そのため、春は「ぼたもち」、秋は「おはぎ」と呼ばれます。また、「こしあん」と「つぶあん」のちがいもあります。

もっとも、今では春でも秋でも「おはぎ」ということが多いかもしれません。

ぼたもちは、こしあんで、牡丹のように大きな形。
おはぎは、秋に収穫したての小豆を使ったつぶあんで、萩の花のような小さい形。
牡丹餅
御萩

ちがいは

春でこしあんが「ぼたもち」、秋でつぶあんが「おはぎ」。

ファスナー
チャック
ジッパー
どうちがう？

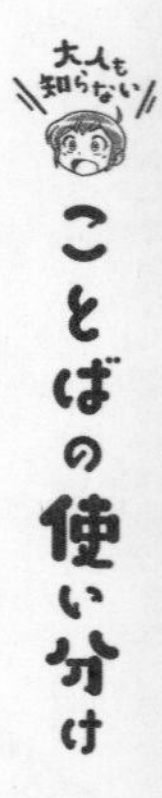

「ファスナー」「チャック」「ジッパー」、この3つのちがいがわかりますか？

実は、どれも同じもので、呼び方がちがうだけです。

もともと、1891年にアメリカで、くつひもの代わりに考えられたものが「ファスナー」の始まりだとされています。

「ジッパー」というのは、アメリカでつくられたファスナーの商品名で、「チャック」は日本でのファスナーの呼び方です。

ちなみに、「チャック」は、日本の伝統的な入れ物、「巾着」をもじってつけられた名前だそうです。

中国では……

ラーリェンが開いてるよ。

えっ!?

チャックが開いてるよ。

メキシコでは……

シェレス・レランパゴスが開いてるよ。

ファスナーが開いてるよ。

ジッパーが開いてるよ。

ちがいは

なし。呼び方がちがうだけ。

和(わ)牛(ぎゅう)と国(こく)産(さん)牛(ぎゅう)はどうちがう?

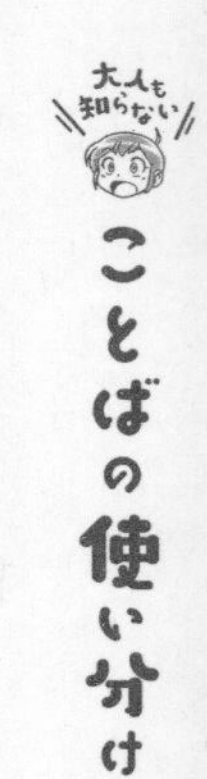

「国産牛」と「和牛」、どちらも日本が産地の牛肉を想像しますよね。しかし、どうやらそう簡単な話ではないようです。

和牛と言えるのは、日本で作られた、黒毛和種、褐毛和種、無角和種、日本短角種の4つの品種の牛と、それらの交雑種だけです。どこで育てられたかは関係ありません。外国で育てられても和牛です。

一方、国産牛とは、4種類の和牛以外の、日本国内で育てられた牛のことです。外国の品種でも、日本で育てられていれば、「国産牛」となります。

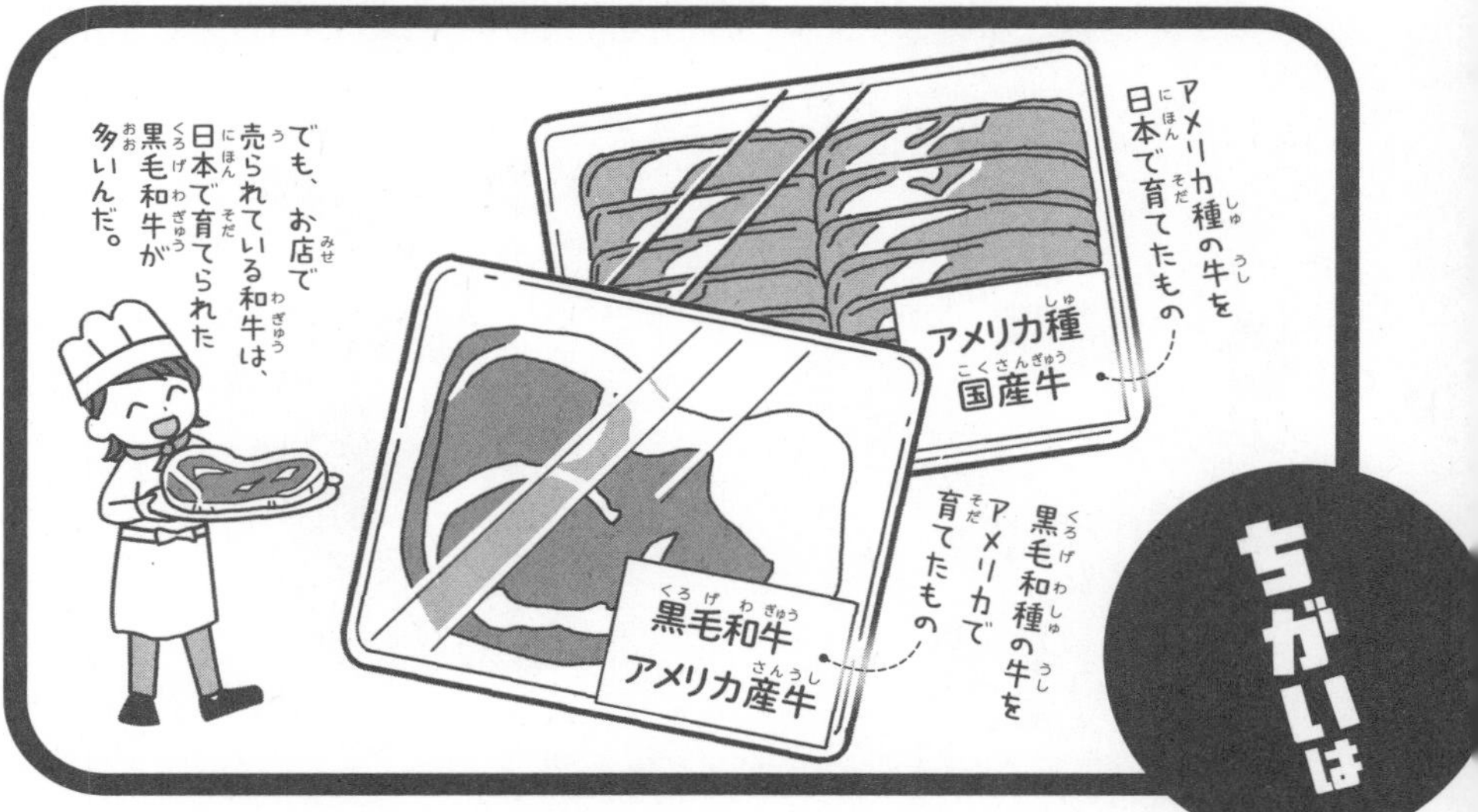

ちがいは

和牛は日本で作られた品種
国産牛は日本で育った牛のこと。

中華そばとラーメンはどうちがう？

食堂で「中華そば」を注文すると、出てくるのは、しょう油スープに入っためんの上に、チャーシューとメンマ、ネギ、そして、なると…。あれ？　これってラーメンですね。

実は、ラーメンと中華そばは同じものです。ラーメンは「南京そば」→「支那そば」→「中華そば」と名前を変えてきましたが、南京も支那も中華もすべて中国を表す言葉で、時代と名前は変わっても、同じ「中国のめん」という意味なのです。

今も昔の名前を使っているお店があるということなんですね。

ちがいは

呼び方がちがうだけで実は同じもの。

大人も知らない ことばの使い分け

くもり一時雨とくもり時どき雨はどうちがう？

どちらの予報も、この日はくもりが多いけれど、ちょっと雨が降るんだな、という印象です。

でも、「一時」と「時どき」って、どうちがうんでしょうか？

くもり空で数時間雨が降るのが「一時雨」、くもり空で雨が降ったりやんだりするのが「くもり時どき雨」です。

具体的には、「くもり一時雨」は、一日に雨が6時間未満連続して降るときに使い、「くもり時どき雨」は、降ったりやんだりしながら合計12時間未満雨が降るときに使います。

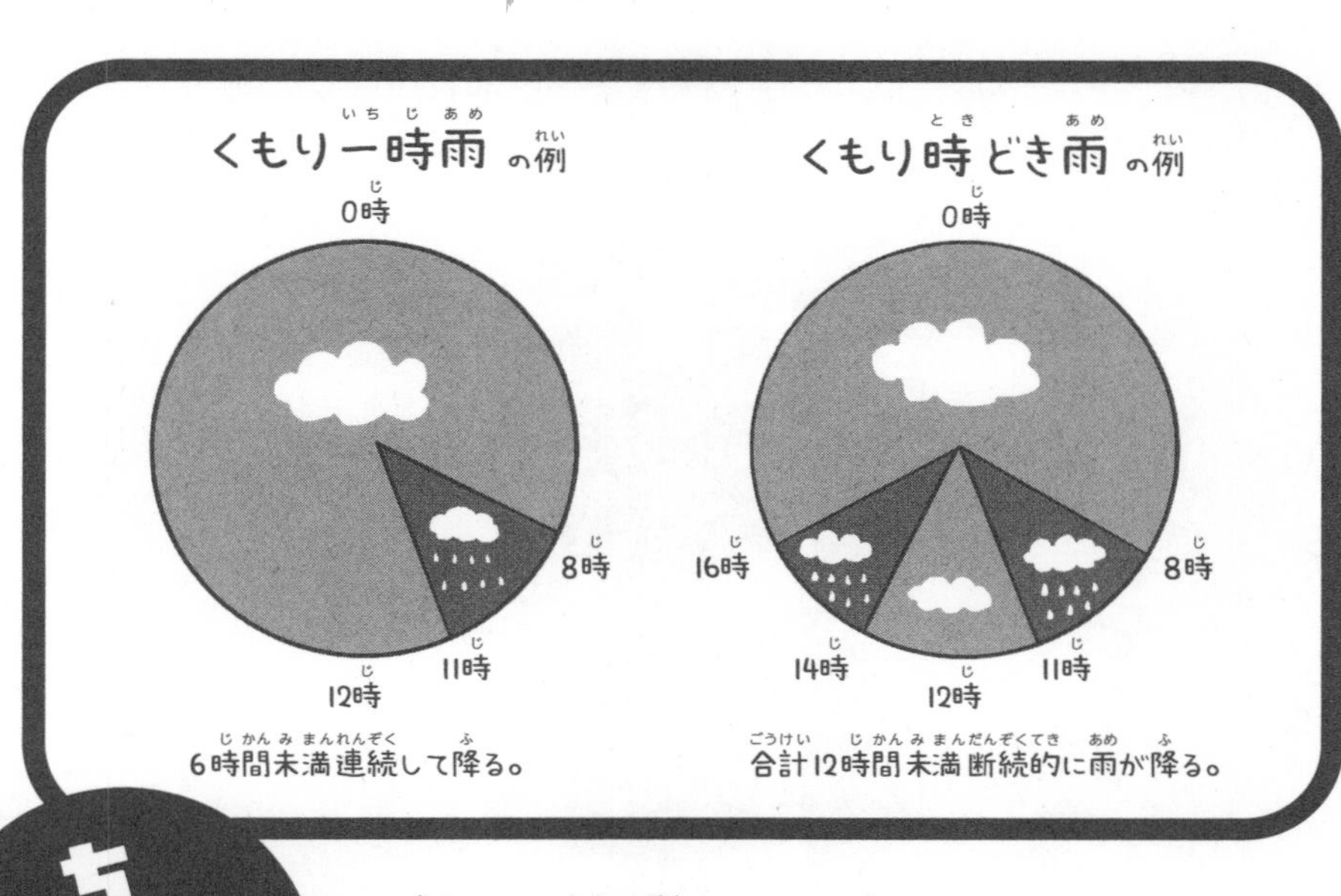

ちがいは 雨が連続して降る時間の差。

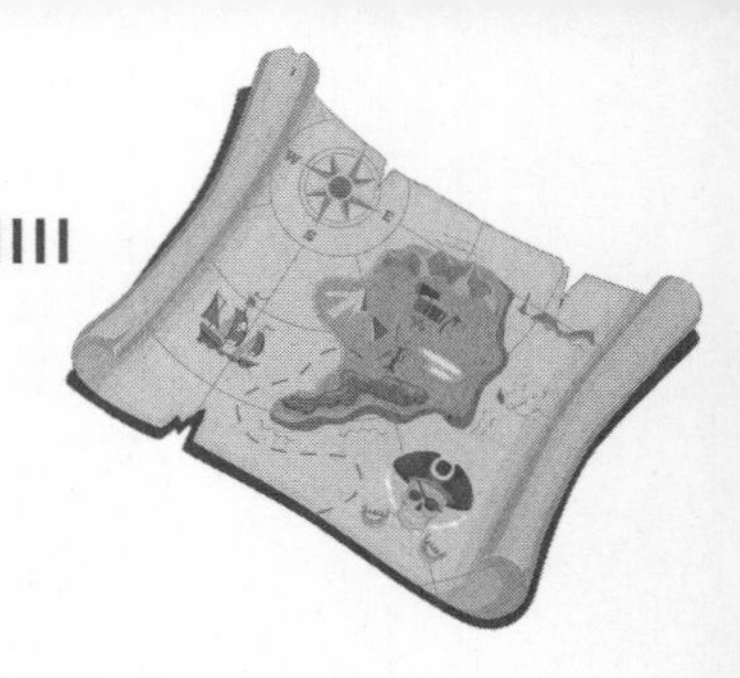

冒険と探検 どうちがう？

冒険と探検、どちらもわくわくする言葉です。同じように使われることも多い言葉ですが、くわしい意味はちがいます。

冒険は「危険」の「険」が使われていて、まさしく「危険を冒す」という意味の言葉です。一方、探検の「検」は、よく見るとへんが木へん。これは「点検」の「検」で、「調べてみる」という意味の漢字です。

つまり、危険を冒して成功するかどうかわからないことをやるのが「冒険」。何かを調べる目的でさまざまな場所に行くのが「探検」です。

ちがいは

あぶないことをする意味の「険」、調べてみる意味の「検」。

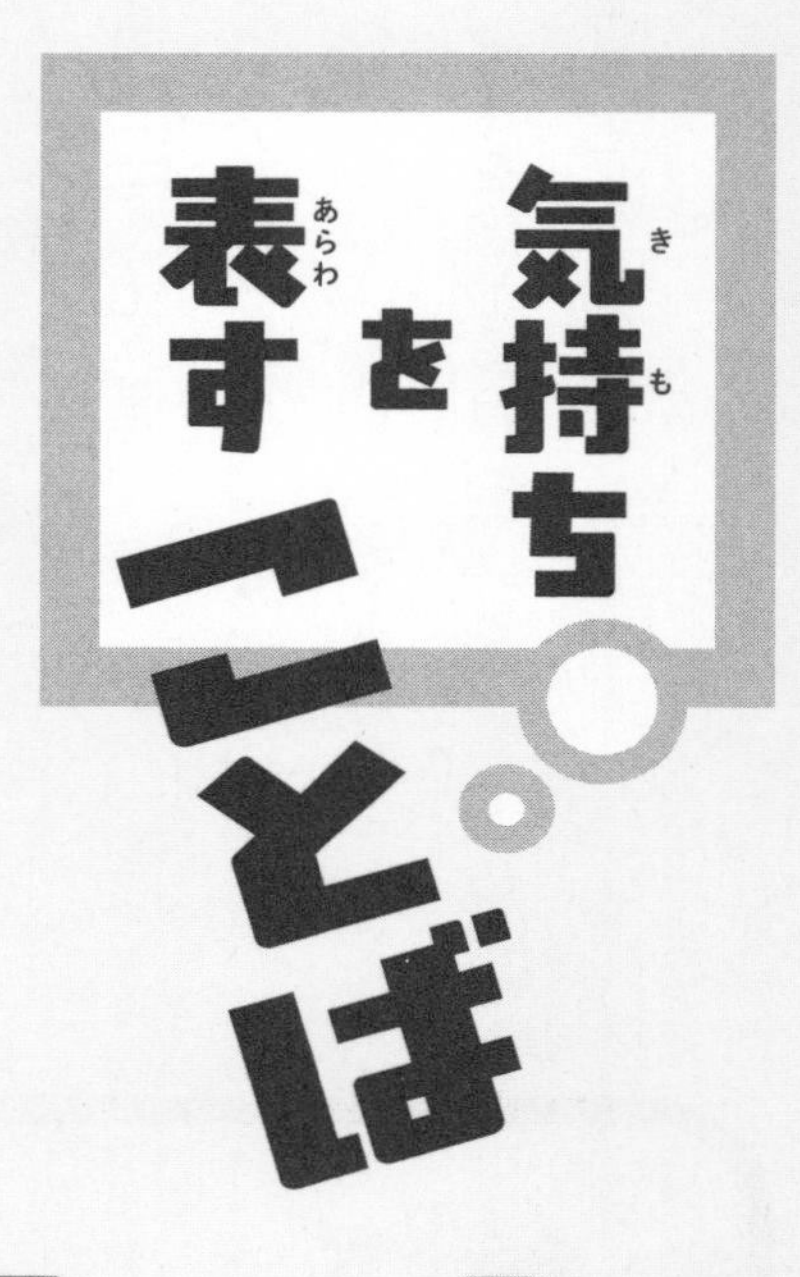

うれしい、悲しい、楽しい、腹立たしい……同じ気持ちでも、いろいろな言い方があります。ここでは、そんな気持ちを表すことばを紹介します。その場面にぴったり合うことばを使ってみましょう。

うれしい・楽しい

【うかれる】

意味） 楽しくて心がうきうきする。

例） 誕生会でうかれる。

【有頂天】

意味） うれしくて、舞い上がる。

例） クラスで一人だけ百点だったので**有頂天**になった。

【狂喜乱舞】

意味） 踊りだすほど喜ぶこと。

例） ひいきのサッカーチームが優勝して**狂喜乱舞**する。

【心がはずむ】
意味）うれしい出来事などに、気持ちがうきうきする。
例）新しく買ってもらったくつをはいて散歩をするのは、**心がはずむ**。

【心地よい】
意味）気持ちがよく、快適。
例）仲のよい友だちといっしょにいるのは**心地よい**。

【天にものぼる気持ち】
意味）これ以上ないうれしい気持ち。
例）尊敬する野球選手にほめられて、**天にものぼる気持ち**だ。

【ときめく】
意味）うれしさや期待で、胸がどきどきする。
例）好きな人に見つめられて、**ときめいた**。

【舞い上がる】
意味）うかれていい気になる。
例）先生にほめられて、**舞い上がった**。

【わくわくする】
意味）喜びや期待でうれしくて、心が落ち着かない様子。
例）明日は遠足で、今から**わくわくしている**。

安心

【落ち着く】

意味）気持ちが安定した状態になる。

例）お茶を飲むと、気持ちが**落ち着く**。

【気が休まる】

意味）心配することがなく、気持ちが落ち着くこと。

例）心配事が多くて**気が休まらない**。

【肩の荷が下りる】

意味）責任を果たしてほっとする。

例）学級会の司会の仕事を終えて、**肩の荷が下りた**。

【心が軽くなる】

意味）気分が楽になること。

例）ずっとなやんでいた問題が解決して、**心が軽くなった**。

【ほっとする】

意味）緊張がとけて、安心する。

例）友だちのけがが大したことが無くて**ほっとした**。

【胸をなでおろす】

意味）心配事が解決して、安心する。

例）弟の熱がやっと下がって、**胸をなでおろした**。

悲しい・苦しい

【心が引きさかれる】

意味）悲しみや苦しみで心が傷つけられる。

例）大好きな飼い犬が死んでしまい、**心が引きさかれる**気持ちだ。

【切ない】

意味）悲しさや苦しさで胸がしめつけられ、つらい気持ちになる。

例）悲しい出来事のニュースをテレビで見て、とても**切なかった**。

【しんどい】

意味）つらく、苦しい。

例）友だちに誤解されて、とても**しんどい**気持ちになった。

【やりきれない】

意味）つらいことや悲しいことにたえられない。

例）楽しみにしていた遠足が中止になって、**やりきれない**気持ちだ。

【胸がつまる】

意味）悲しみで胸がいっぱいになる。

例）悲しそうな弟の顔を見て、**胸がつまった**。

驚く

【あたふた】

意味）とてもあわててさわぐ様子。

例）遅刻しそうで、
あたふたと家を出た。

【息をのむ】

意味）驚きで息を止める。

例）美しい景色に息をのむ。

【きもをつぶす】

意味）内臓がつぶれるくらい驚く。

例）犬が突然ほえたので、
きもをつぶした。

【仰天】

意味）思わず天を仰ぐほど、
びっくりする。
びっくり仰天などとも使う。

例）兄がサッカーチームのレギュラーになれなかったと聞いて
仰天した。

【たまげる】

意味）魂が消えてしまうほど驚く。

例）赤ちゃんの大きな泣き声に
たまげた。

【目を丸くする】

意味）驚きのあまり目を見張る。

例）高級果物の値段を見て
目を丸くした。

3章

ことばのヒミツ

大人も知らない

こんにちはの最後(さいご)が「わ」じゃなくて「は」なのはなぜ？

「こんにちは」の最後は、「わ」と読むのに、どうして「は」なのでしょう。

それはもっと長い文章を、と中で切ったものだから。

「こんにちは」は、「今日はよい日ですね」などのあいさつの言葉を短くしたものなのです。

短いあいさつの「こんにちは」がよく使われるようになったのは、明治時代のこと。教科書に「こんにちは」と書かれていたことで広まったとされています。

ちなみに、下の漫画のように、「おはよう」と「こんばんは」も、元のあいさつを省略した言葉です。

それは

「こんにちは」の後の言葉が省かれているから。

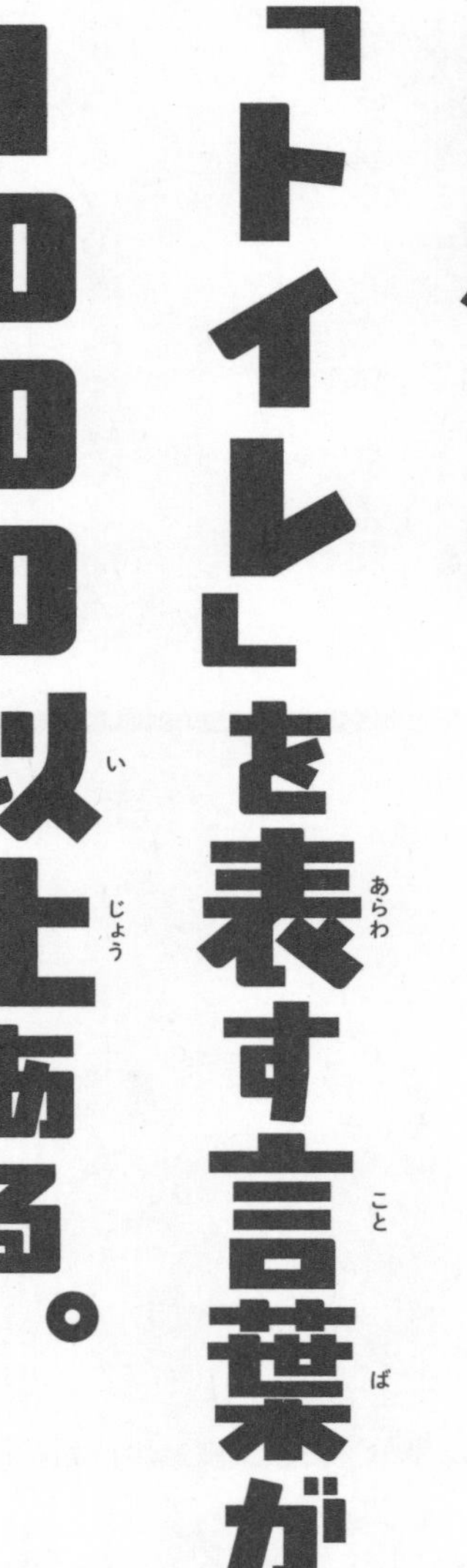

日本には「トイレ」を表す言葉が1000以上ある。

日本では、昔から、トイレはいろいろな名前で呼ばれてきました。たとえば、「厠」「閑所」「はばかり」「ご不浄」「手水」など。ある人が調べたところによると、何と1000以上もあるそうです。

「厠」は、奈良時代からある言葉で、川の上に橋のようなものをかけて用を足すことから「川屋（厠）」となりました。「閑所」は、「静かな場所。人のいない所」という意味。「はばかり」は、もとは「人目をはばかる」など気兼ねするといった意味。確かに用を足すのは、人前では気が引けますね。

ちょっとはばかりへ。
W・C
かわや
樋箱
?
平安時代から江戸時代につかわれた「おまる」のようなもの。
トイレのこと。

便所、お手洗いのほかに、まだ1000以上もあるなんて！

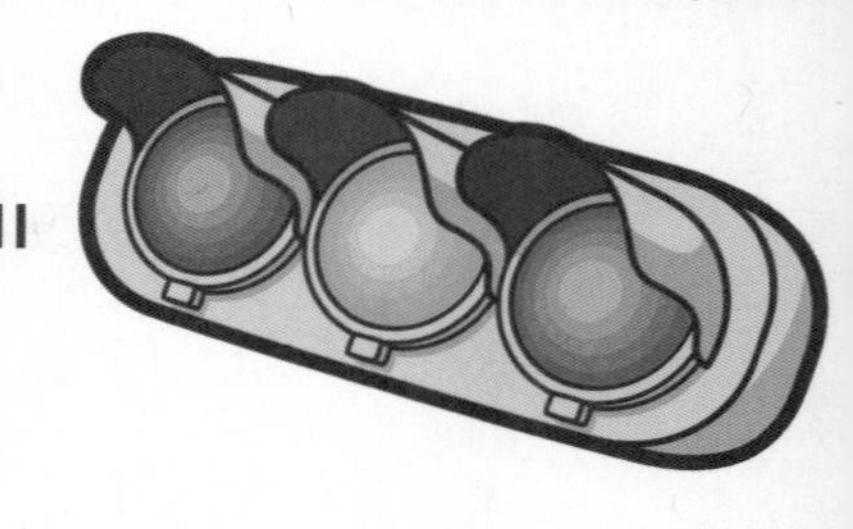

青信号の色は緑色なのにどうして「青」?

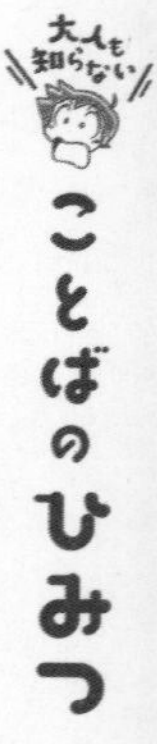

青信号は、よく見ると青色というよりは緑色。それなのになぜ「青信号」と言うのでしょう。

実は、身の回りをよく見てみると、青信号の他にも、緑色なのに「青」と呼ぶものは、青葉や青菜など、いくつもあります。

緑を青と呼ぶ理由は、昔の日本では、色を示す言葉が、赤・黒・白・青の4種類しかなかったから。そのため、緑や紫、灰色なども青にふくまれていたといいます。

青と緑が区別されるようになったのは、900年ほど前の平安時代の終わりから鎌倉時代だといわれています。

それは

昔の日本では、緑と青の区別がなかったから。

勉強するは昔、値引きの意味で使われた。

みなさんにとって、「勉強」は、知識や技術を学ぶことですよね。でも、江戸時代の商人たちは、「値引き」をするという意味で使っていました。

「勉強」という漢字を訓読みにすると、「勉め」を「強いる」となり、「無理をしても努力して励む」という意味になります。江戸時代の商人たちは、がんばって「値引きする」という意味で「勉強する」を使っていたわけなのです。

明治時代より後になると、今と同じ「学習」の意味で、「勉強」が使われるようになりました。

予算をオーバーしてるんですけど、安くなりませんかね?
がんばって、勉強させてもらいます。

「無理をしてがんばって」でも
値引きをする!

一生懸命（いっしょうけんめい）は

その昔（むかし）、一所懸命（いっしょけんめい）だった。

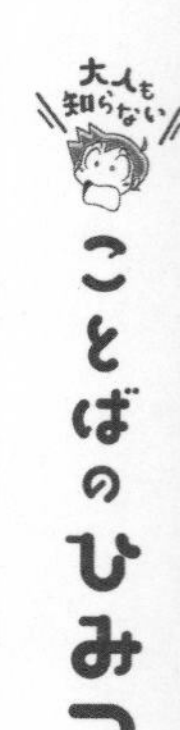

全力を出してがんばることを「一生懸命」と言いますね。この言葉は、もともと「一所懸命」と言っていました。「一所懸命」は、昔の武士が使っていた言葉。鎌倉時代に、将軍から与えられた一つの領地を、命がけで守ったことから「一所懸命」という言葉が生まれました。

ところが、江戸時代には、土地よりもお金に価値をおく町人が力を持つようになり、一生かけて取り組んでいくことを大事にする「一生懸命」という言葉に変わっていったのです。

土地を守るから「一所懸命」だった。

もともと、ありがとうはめずらしいという意味だった。

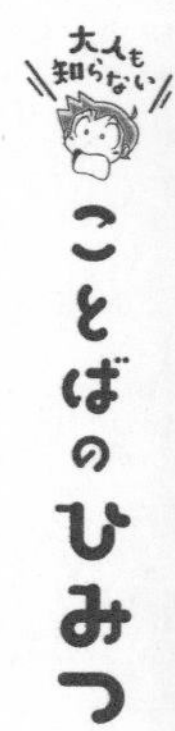

今から1000年ほど前の平安時代に、清少納言という女性が書いた『枕草子』という本の中で、欠点のない人などについて、「ありがたきもの」と記しています。この「ありがたき」は「めったにない」という意味です。

「ありがたい」は「有る＋がたい（難しい）」で、もともと「有るのが難しい」→「めったにない、めずらしい」という意味で使われていました。

この言葉はやがて「めったにない貴重なことを感謝する」という意味になり、今の「ありがとう」と同じ感謝を示す言葉として使われるようになっていったのです。

おほほほ
私は清少納言。平安時代のありがたき有名作家です。
たしかに、あなたみたいな自信家はめずらしいわね。
紫式部
平安時代の作家。『源氏物語』の作者。
清少納言
平安時代の随筆家。『枕草子』の作者。

「ありがとう」はもともと「有るのが難しい」ということ。

ジュースと言えるのは果汁100%だけ。

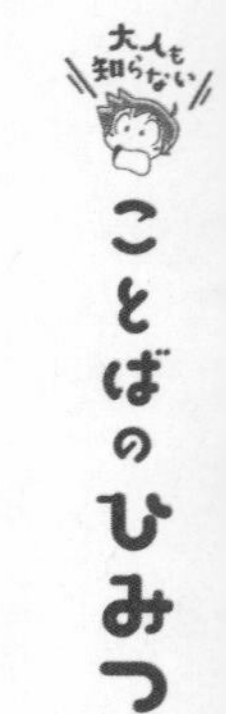

みんなが大好きなジュースは何ですか？「コーラ」「オレンジジュース」「スポーツ飲料」……。いろいろな声が聞こえてきますね。おや？でも、中には正式にはジュースと言えないものが交ざっているようです。

というのも、JAS（日本農林規格）という決まりで、ふくまれている天然果汁が100％の飲み物だけが、「ジュース」と表示できるからです。

ですから、コーラやスポーツ飲料は、正式には「ジュース」とは呼べません。オレンジジュースの中にも、ジュースではないものがあります。

ジュースとはそもそもくだものの果汁のこと。

初老とは
本当は40さいのこと。

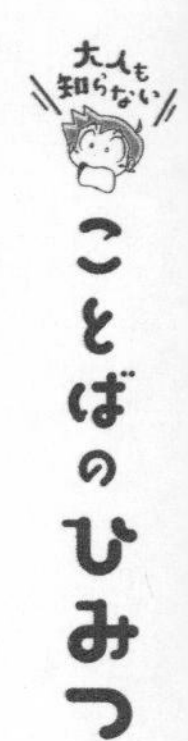

「初老」というと、老い始めのころというイメージ。多くの人が50～60さいくらいの人を指す言葉だと思うのではないでしょうか。

ところが、もともと「初老」は、40さいの人を指す言葉でした。

日本には、昔から「還暦」など、ある一定の年齢になった人の長寿を祝う習慣があります。その最初のお祝いが40さいで、それを「初老」と呼んでいたのです。ただ、今では日本人の平均寿命が長くなり、「初老」のお祝いをしなくなりました。そのため、初老というと、なんとなく50～60さいくらいのイメージになっているのです。

寿命の短い昔は40さいでもうお年寄りだった。

※地域により、お祝いする年齢や名称、色などは異なります。

トナカイは、英語でも北欧の言葉でもなくアイヌ語。

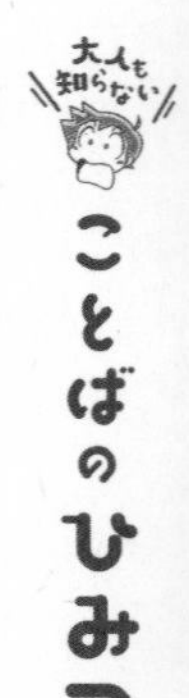

サンタクロースが乗るそりを引く動物といえば、トナカイですよね。

トナカイという名前は、アイヌ語の「トゥナカイ」がもとになっています。

アイヌは、昔から北海道やその周辺に住んでいた人びと。意外なことに、サンタクロースのふるさとである北欧のフィンランドの言葉ではないのです。

ところで、北海道にはトナカイは生息していません。アイヌの人々とほかの地域との交流のなかで生まれた言葉なのかもしれませんね。

ちなみに、漢字では馴鹿、英語ではカリブーといいます。

トナカイは、メスにも角がある。サンタのそりを引くのは、メスだといわれておる。
アイヌの人たち
オスの角は秋の終わりに落ちて春から生え始める。冬に角があるのはメスだけ。

アイヌ語のトゥナカイからきた名前。

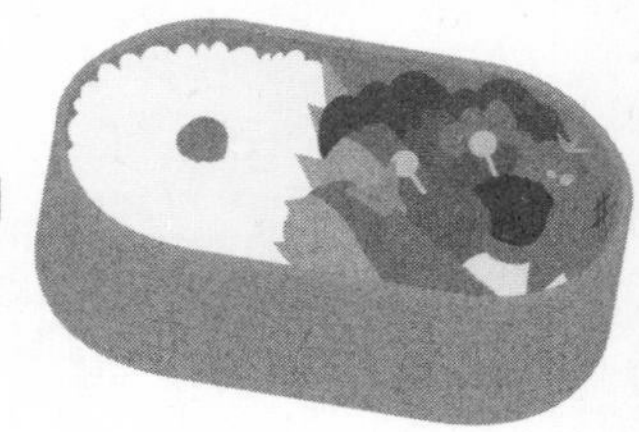

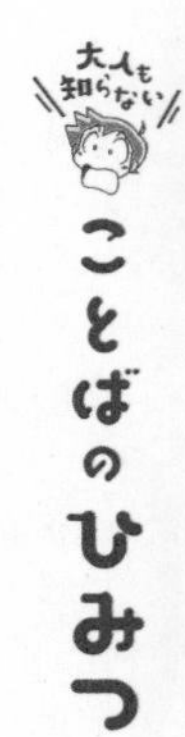

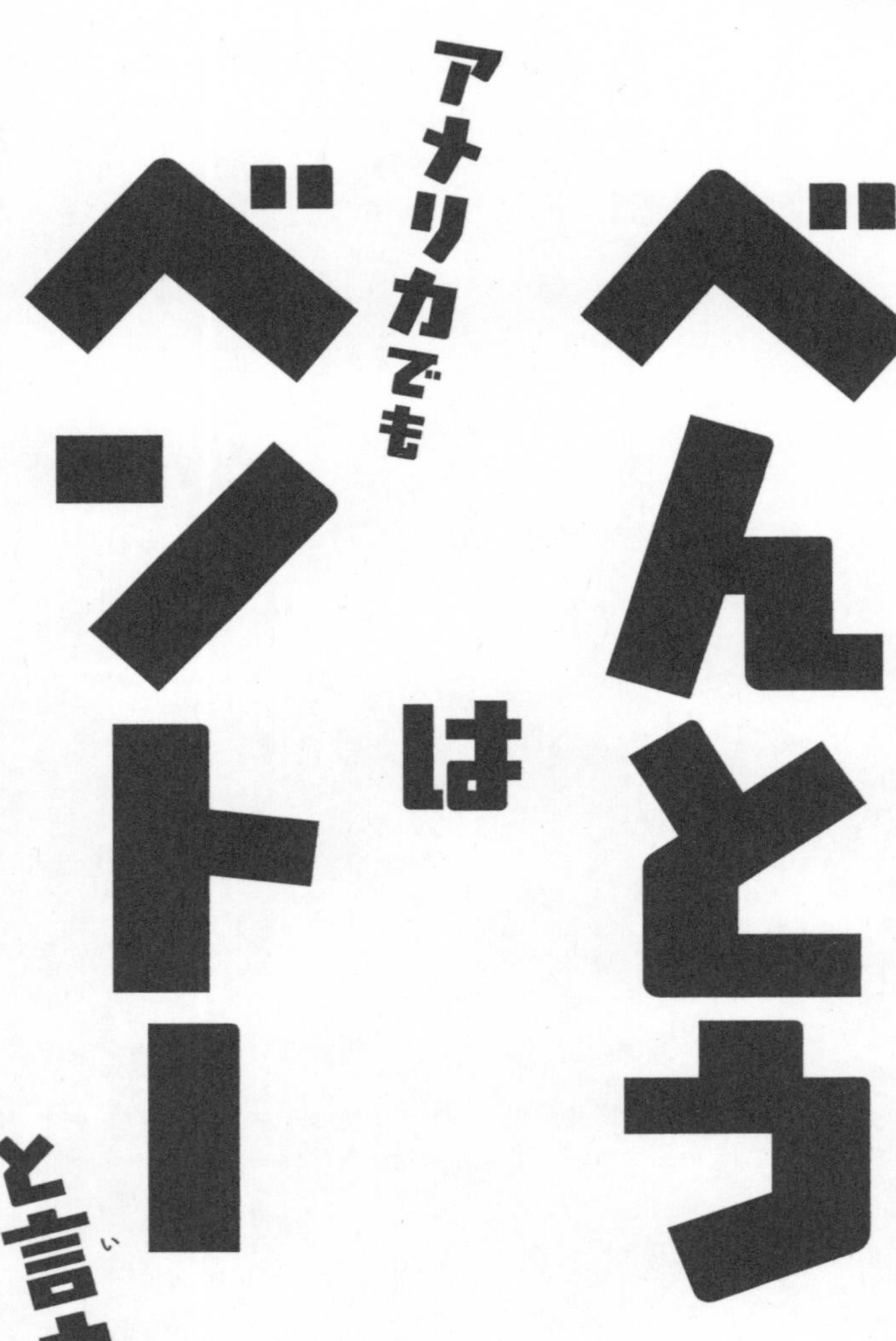

べんとうはアメリカでもベントーと言う。

遠足や運動会でおべんとうを食べるのは楽しいですね。ところで、日本語の「べんとう」は、世界の共通語となっています。

もともと、日本文化に関心が高いフランスで、日本のべんとうがブームとなり、世界に広まった結果、「Bento（ベントー）」と呼ばれるようになったそうです。色あざやかで美しく、栄養も考えられた日本のべんとうは、海外の人の目には特別に映ったのでしょう。

世界の共通語となった日本語は、他にも、侍、刀、柔道、歌舞伎、寿司、天ぷらなど、たくさんあります。

世界で通用する日本語はけっこう多い！

遊園地のジェットコースター、外国語と思いきや、実は日本生まれのことば。なので、外国でジェットコースターと言っても意味が通じません。英語ではローラーコースターと言います。ここでは、そんな世界に通用しない日本で生まれた英語っぽいことば（和製英語）を紹介します。

【アイスキャンデー】
英語では↓アイスポップ。
ice pop

【アルバイト】
英語では↓パートタイムジョブ
part time job

【ガソリンスタンド】
英語では↓ガスステーション
gas station

【キーホルダー】
英語では↓キーリング
key ring

【コンセント】

英語では↓アウトレット

outlet

【サイダー（飲み物）】

英語では↓ソーダ

soda

【シール（貼るもの）】

英語では↓スティッカー

sticker

【シュークリーム】

英語では↓クリームパフ

cream puff

【テイクアウト】

英語では↓トゥーゴー

to go

【トイレ】

英語では↓レストルーム

restroom

【トランプ】

英語では↓カード

cards

【ノートパソコン】

英語では↓ラップトップコンピューター

laptop computer

【ハンドル（自動車）】

英語では↓ステアリングホイール

steering wheel

【フライドポテト】

英語では↓フレンチフライズ

french fries

【フリーサイズ】

英語では↓ワン・サイズ・フィッツ・オール

one size fits all

【ペットボトル】

英語では↓プラスティックボトル

plastic bottle

【ベビーカー】

英語では↓ストローラー

stroller

【ホットケーキ】

英語では↓パンケーキ

pancake

【ナイター（野球用語）】

英語では↓ナイトゲーム

night game

【リュック】

英語では↓バックパック

backpack

実は外国語だった日本語

すっかり日本語として定着していることばの中には、おおもとをたどると実は外国のことば（外来語）だったというものがたくさんあります。

ここでは、そんなことばを紹介しましょう。

【いくら】

ロシア語の「魚の卵」を意味するイクラから。

【おくら】

英語のオクラから。

【おじや】

スペイン語の「煮込み料理」を意味するオジャに由来するという説がある。

【かっぱ（雨合羽）】

ポルトガル人が着ていた長くゆったりしたガウンのようなカッパという上着に由来。

【カステラ】
昔ヨーロッパにあったカスティラ王国のお菓子に由来するとされる。

【かわら】
インドの古いことばで、「覆う」を意味するカパーラに由来するとされる。

【かるた】
ポルトガル語の「札」を意味するカルタに由来するとされる。

【ズボン】
フランス語の「女性用下着」を意味するジュポンに由来するともいわれる。

【背広】
英語の「市民服」を意味するシビル・クロスのシビルに由来するなどといわれる。

【たばこ】
スペイン語のタバコから。

【天ぷら】
ポルトガル語の「調理」を意味するテンペーロに由来するなどといわれる。

【ポン酢】
オランダ語の「かんきつ類」を表すポンスに由来する。

4章 ことばの由来2

大人も知らない

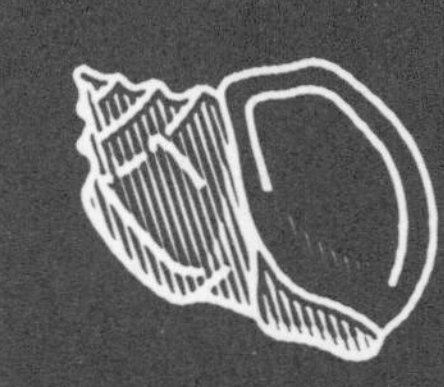

イライラするのイラは草(くさ)のトゲのこと

自分の思い通りにいかなかったり、物事がスムーズに進まなかったりすると、ついイライラしちゃうことってありますよね。

「イライラ」の「イラ」は、草や木のトゲのことです。

イラを2つ重ねた「イライラ」は、トゲがたくさん出ている様子を表しています。そこから、トゲが刺さったときのチクチクしたいたみやかゆみなどを感じることを、「イライラ」と言うようになりました。

のちに、神経が高ぶる様子を「イライラ」と言うようになったのです。

トゲが刺さって
イライラする！

イラクサ
葉やくきにたくさんのトゲがある。「トゲ（イラ）のある草」という意味で名付けられた。

草のトゲ（イラ）が刺さったらイラッとする。

冷たいの由来は つめがいたい

「冷たい」とは、温度の低いものを指先で触ったとき、つめがいたいと感じたことから「つめいたし」となり、のちに「つめたし」という言葉になったといわれています。

実は、つめには神経が通っていないので、本当はいたさを感じることはありません。でも、指先まで寒さにこごえると、つめがいたいと感じてしまうのもうなずけます。

「つめたし」という言葉ですが、今から1000年以上前の平安時代にも、清少納言が『枕草子』という本の中で使っています。

冷たい氷を指先で触るとつめがいたいと感じる?

たらふく食べるの たらは魚のタラのこと

「たらふく食べて、おなかいっぱい！」と言うことがありますよね。

でもよく考えてみると、「たらふく」って変な言葉ですよね。どんな意味なのか、考えたことありますか？「たらふく」を漢字で書くと「鱈腹」。つまり、「タラのおなか」という意味の言葉です。

タラは魚の世界では有名な食いしんぼう。カニでもイカでも、とにかく手当たり次第にたくさん食べるので、おなかがパンパンになってしまいます。この様子から、「たらふく食べる」という言葉ができたのです。

ぼくは大食い！カニもイカも貝も、何でもバリバリ食べるのさ!!
口の下のひげで、味を感じることができるんだ！

タラはたらふく食べる
魚界の食いしんぼう。

ぎょっとするの「ぎょ」じつは楽器（がっき）の名前（なまえ）

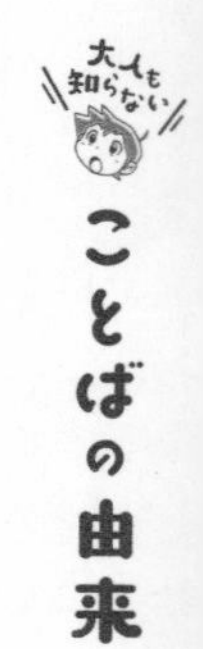

予想もしないことが起きて驚くことを「ぎょっとする」と言いますね。「ぎょっ」という響きは、いかにも驚きを表すのにふさわしく感じますが、この言葉はいったいどこからきたのでしょう。

実は、「ぎょ」というのは、古代中国の楽器の名前。演奏を終わらせる合図に使われていたそうです。この楽器の音が、人を驚かすほど大きかったので、「ぎょっとする」と言うようになったといわれています。「ぎょ」はトラがふせたような形の木製の楽器で、この見た目もちょっとぎょっとしますよね。

ぎょっとする
大きな音の楽器が「ぎょ」。

ことばの由来②

がたぴしはもとは仏教で使う言葉

建物や家具のつくりが悪かったり古かったりしてきしむ様子を、「がたぴしする」とか「がたがたする」などと言います。

この「がたぴし」という言葉は、建物がきしむときに出る「ガタッ」「ピシッ」という音からできたと思うかもしれませんが、実はちがいます。もともとは仏教用語の「我他彼此」からきているのです。

「我他彼此」とは、自分と他人、彼岸（あっち）と此岸（こっち）という対立した言葉をならべたもので、いさかいが絶えないことを意味します。

彼岸
他人
自分（我）
此岸
なるほど、「我他彼此」は対立するものどうしを表しているんだ。

もとは「いさかいが絶えない」という意味の仏教用語。

もしもしはもともとは申し申し(もうしもうし)だった

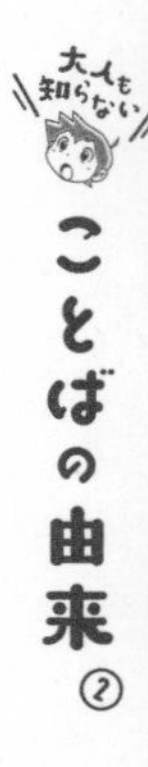

電話に出るとき、どうして「もしもし」と言うのでしょう。「もしもし」の語源は「申し申し」。それがつまって「もしもし」となったといわれています。

1890年、日本で初めて電話サービスが開始された当時は、家庭に電話があることはまれでした。相手に直接かけるのではなく、電話局の交換手を呼び出し、相手の回線に接続してもらっていました。

「申し申し」とは「これから話します」という意味で、相手に失礼がないように配慮した言葉だったようです。

「申し」を2回くり返すのは、当時の電話は雑音も多く聞き取りにくかったため、相手が聞き取りやすいように2回くり返すようになったから。
申し申し。

「申し申し」とは、

「これから話します」の意味。

ごまかすの由来はごまのおかし

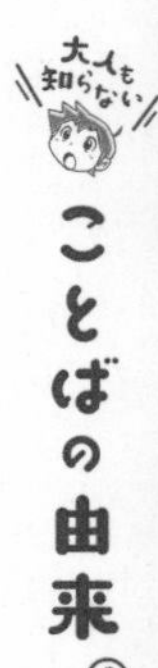

うそをついてだましたり、いいかげんなことを言ってその場をとりつくろったりすることを「ごまかす」と言いますね。

「ごまかす」という言葉は、江戸時代の「胡麻胴乱」というごまのおかしの中が空どうで、見かけだおしだったことからきているといわれています。

他にも、弘法大師が祈祷したときの護摩の灰だとうそをついて、ただの灰を売っていたサギ師がいて、「護摩」に「紛らかす」で「ごまかす」になったという説もあります。

この胡麻菓子、中身が空っぽだ。だましたな！
中が空どうのお菓子、江戸で今はやってるんですよ。
……と、ごまかしてみる。

中身が空っぽのごまのおかしで「ごまかす」。

ホラをふくの ホラは ほら貝(がい)のこと

「ホラをふく」とは、ウソをついたり、大げさに言ったりすること。

この「ホラ」の語源となるほら貝は、40センチ以上もある大きな巻き貝。ほら貝に穴を開けふき鳴らすと、ラッパのように音が出ます。その音で、動物を追いはらったり、戦場で合図を送ったりしていたのです。

ほら貝は、思った以上に大きな音が出ることから、例えば、予想以上にもうけることを「ホラ」と言うようになりました。そして、「ホラをふく」は、「大げさな」という意味で使われるようになっていったのです。

フォーン!!
お!合図だ
戦場で、味方に合図を伝えていたのだ。
電話や無線のない時代には、便利な伝達方法だね。
フォ〜ン
音で動物を追いはらうのに使っていたぞ。

思った以上に大きな音が鳴るから大げさの意味になった。

フレー、フレー、

もとになった英語(えいご)の意味(いみ)は

バンザイ。

大人も知らない
ことばの由来②

「フレー、フレー、赤組!」
運動会などで自分のチームを応えんするときに、さけんだことがありませんか?

この「フレー」って、いったいどんな意味でしょう。応えんの旗を「振れ」ということ? 「がんばれ!」という応えんでしょうか?

実は、「フレー」はもともとは英語の「Hurray」で「バンザイ」という意味なのです。アメリカでは「やった!」とか「わぁ!」というときに使われます。しかし、日本では、応えんのかけ声として、すっかり定着してしまいました。

もとの意味は、負けている
ときにはふさわしくない。

おいてけぼりの言葉(ことば)の由来(ゆらい)は妖怪(ようかい)。

友だちがいつの間にか先に行ってしまい、『おいてけぼり』にされた」ことはありませんか？　「おいてけぼり」は、江戸時代の怪談話から生まれた言葉です。

江戸の本所というところにあった堀で、つり人が魚をつって帰ろうとすると、堀の中から「置いてけ～」と気味の悪い声が聞こえてきます。つり人はふるえあがり、魚を置いてにげ帰ってしまいました。

この話から、置き去りにすることを「置いてけ堀」→「おいてけぼり」と言うようになったのです。

「置いてけ堀」が「おいてけぼり」になった。

重さの「トン」は樽をたたいた音が由来。

「トン」は重さを表す単位ですが、「5000トンの船」というように、船の大きさを表すときにも使います。

「トン」という単位が使われ始めたのは、15世紀ごろのこと。フランスからイギリスへと、ワインを船で運ぶときに、ワインが十分に入っているかを確認するため、棒で樽をたたいて、その音で判断をしていたそうです。

当時、船の大きさはこの酒樽をいくつ積めるかで表していましたが、やがて、樽をたたく「トン」という音を、単位として使うようになったのです。

あれ？ 音が変だぞ。この樽は満タンじゃないからダメ〜。
今回は5000トンの船だから、5000個の樽を積めるぞ！
トン！
トン！
コン！
トン！
トン！

積める樽の数が、船の大きさを表していた。

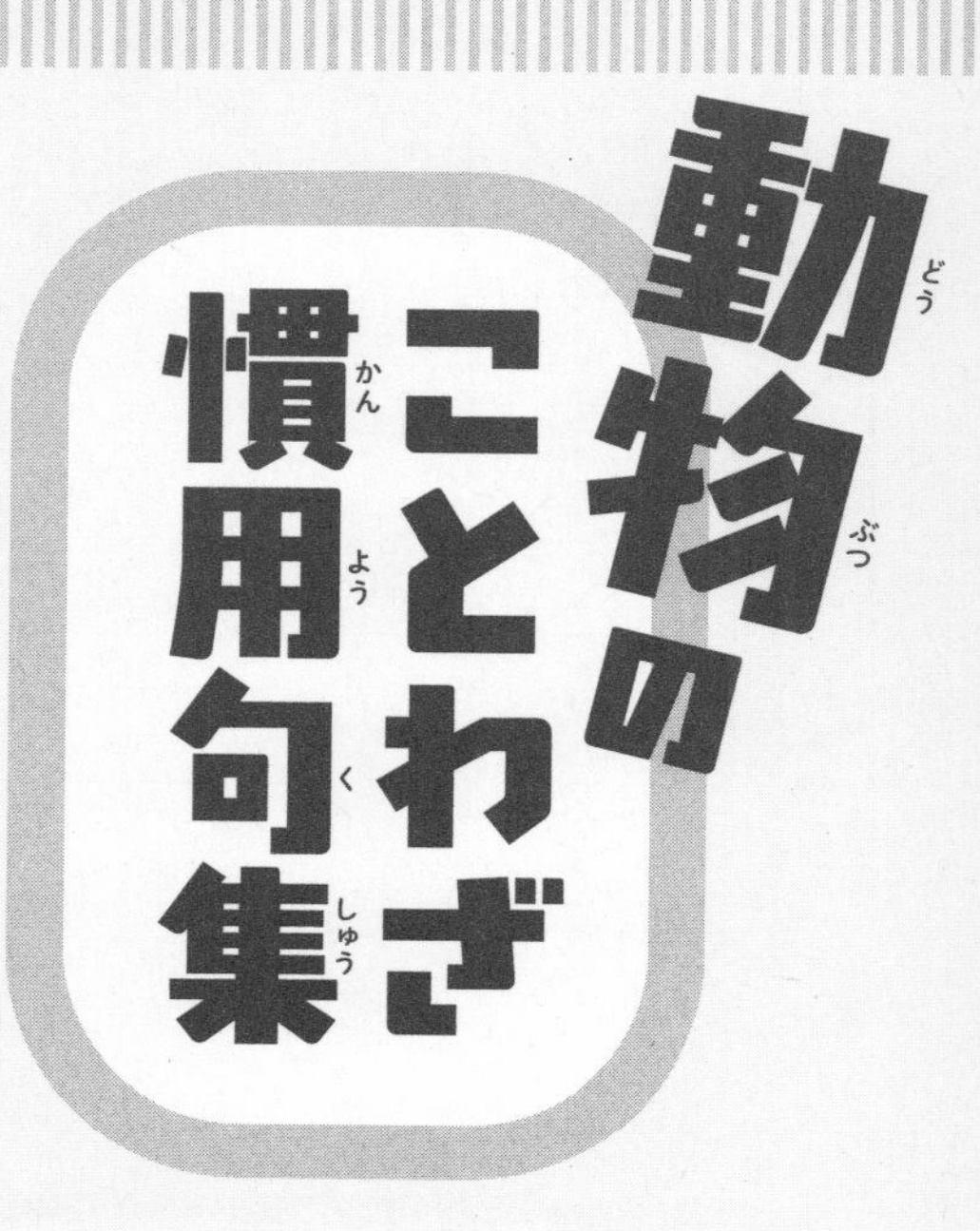

動物のことわざ慣用句集

126ページの「情けは人のためならず」のようなものを、ことわざと言います。ことわざには、動物の名前が入ったものが多くあります。ここでは動物にかんすることわざを紹介します。

犬

【犬も歩けばぼうにあたる】

意味）①余計なことをすると、思わぬ災難にあう。②出歩くと、思わぬ幸運に出会う。

【犬が西向きゃ尾は東】

意味）犬が西を向くと尾が東を向くように、とても当たり前のこと。

【犬猿の仲】

意味）犬と猿は仲が悪いとされていることから、仲の悪いことやいがみあう間がらのこと。

ねこ

【ねこにかつお節】

意味）ねこのそばに好物のかつお節を置くとすぐに取られてしまうことから、油断ができないこと。

【ねこに小判】

意味）どんなにいいものでも、価値のわからない者にとっては意味がない。

【ねこにまたたび】

意味）大好きなものを与えると、すぐにとびつくというたとえ。

【鳴くねこはねずみをとらぬ】

意味）口数の多い人ほど、しゃべるだけで実力がともなわない。

ねずみ

【大山鳴動してねずみ一匹】

意味）大さわぎしたわりには、たいしたことがなかったということ。

【窮鼠ねこをかむ】

意味）追いつめられたねずみがねこをかむように、弱いものが死に物狂いで反撃すること。

牛

【牛は牛連れ、馬は馬連れ】

意味）同じ種類や性格の者は自然と仲良くなること。

【牛に引かれて善行寺参り】

意味）思ってもいないことや、思わぬ人によって、物事がうまくいく。

【暗がりから牛】

意味）暗がりに黒い牛がいてもよくわからないことから、物の区別がつかないということ。

【角をためて牛を殺す】

意味）曲がっている角をむりに直そうとして牛を殺してしまうということから、少しの欠点を直そうとして、全体をだめにしてしまうこと。

【九牛の一毛】

意味）たくさんあるものの中の、ほんの一部。

馬

【馬が合う】

意味）馬と乗り手の気持ちがぴったり合うように、気が合うこと。

【馬の耳に念仏】

意味）馬にありがたい念仏を聞かせても無駄なように、アドバイスをしても効果がないということ。

【老いたる馬は道を忘れず】

意味）年老いた馬は道をよく知っているということから、人生経験の豊かな人は、物事の判断を迷わないということ。

【馬に乗るとも口車に乗るな】

意味）うまい話にうっかり引っかかると、ひどい目に合うので気を付けなさいということ。

そのほかの動物

【猿も木から落ちる】

意味）木登りの上手な猿が木から落ちるように、どんな名人でも時には失敗することがあるということ。

【虎の威を借るきつね】

意味）力の無い者が、強い者の権力を後ろだてにしていばること。

【取らぬたぬきの皮算用】

意味）まだ手に入れていない物をあてにして、いろいろと計画を立てること。

【二兎を追う者は一兎をも得ず】

意味）欲張って二つのことをやろうとすると、どちらも失敗する。

【能ある鷹はつめをかくす】

意味）すぐれた能力のある人は、それを見せびらかしたりはしない。

【井の中の蛙大海を知らず】

意味）小さな井戸にすむ蛙（かえる）が大きな海を知らないように、自分のせまい知識や経験だけでしか物事を考えられないこと。

妖怪

【鬼に金棒】

意味）何かが加わることで、強い者がさらに強くなる。

【鬼の目にもなみだ】

意味）どんなに冷酷な人であっても、ときには他人をあわれむことがある。

【河童の川流れ】

意味）泳ぎの上手な河童でも、川に流されるように、名人でも時には失敗することがあるということ。

5章 ことばのまちがい

大人も知らない

元旦（がんたん）っていつ？

一月一日（いちがつついたち）

一月一日の朝（いちがつついたちのあさ）

お正月の年賀状に、「元旦」と書いていませんか？

実はそれ、やらないほうがいいかもしれません。

元旦の「旦」は、太陽が地平線からはなれる形を描いた文字で、「夜明け」という意味があります。つまり、「元旦」とは一月一日の朝のこと。ですから、答えは2になります。

なお、「元日」は一月一日のことです。

ちなみに、「正月」は一月を指す言葉ですが、一般的には門松が飾られている一月七日くらいまでの「松の内」のことを表しているそうです。

じつは… 2
「旦」とは、日がのぼる朝のことをいう。

小春日和(こはるびより)

って どんな 日(ひ)?

1. 春先(はるさき)のあたたかい日(ひ)

2. 初冬(しょとう)のあたたかい日(ひ)

「小春日和」のことを、ぽかぽかとあたたかくなり始めたばかりの春の日だと、思いちがいしている人も多いのではないでしょうか。

実は、「小春日和」とは、秋の終わりから冬の初めにかけての、あたたかく晴れた天候を指す言葉です。

つまり答えは2。

そのような天候が、まるで春のようだ、ということで「小春」と呼んだのは、1400年くらい前の中国の人たちです。

その「小春」という言葉が日本に伝わって、「小春日和」という言葉ができたといわれています。

じつは…2

「小春」とは、まるで春のようだという意味。

雨模様ってどんな様子？

1. 雨が降っている様子

2. 今にも雨が降りだしそうな様子

「雨模様」とは、2の「今にも雨が降りだしそうな空の様子」のこと。本来、雨が降っている様子ではありません。

「雨模様」のもともとの形は「あまもよい」です。「もよい」とは「催す」という意味。「雨もよい」→「雨を催す」で、「これから降りそうな」という意味になります。その後、「もよい」が「模様」に変化して、「雨模様」といわれるようになりました。

もっとも現在では、「小雨が降ったりやんだりしている様子」として、本来とはちがう意味で使う人も多くなっています。

じつは…2

「もよう」とは、「そうなりそうだ」ということ。

ごぼうぬきって どんな意味？

1 一気にぬくこと

2 次々にぬくこと

じつは…1 ごぼうは地面からスポンと一気にぬけるから。

運動会のリレー競走やマラソンで、後方から一気に追いぬいていく様子を「ごぼうぬき」と呼びます。

ですから、1が正解。でも、どうして「ごぼう」なのでしょうか。

ごぼうは、まわりの土を掘り返さなくても、くきをつかんで引っ張ると簡単に引きぬけます。この様子から、「ごぼうぬき」という言葉ができました。

マラソンなどでは後ろから一人ずつ追いぬいていくため、「次々にぬく」という意味にかんちがいしている人も多いようです。

歌のさわりってどこ？

1 歌い出し

2 サビ（最も盛り上がるところ）

「この歌のさわりだけ歌って」と言われたことはありませんか？

多くの人が「さわり」とは、「曲や話などの最初のところ」だと、かんちがいをしているようです。

「さわり」は、もともと浄瑠璃という日本の伝統的な人形劇の曲で、「聴かせどころ」という意味でした。それが、一般的な曲や話などにも使われるようになったのです。

ですから、「歌のさわり」という場合の「さわり」は、その歌の最大の聴かせどころである、2のサビを指すのです。

さわりだけでいいって言ったのに。全部歌うつもりだな…。
イエーイ！
この歌は、全部が盛り上がるサビなんだもん！

じつは… 2
歌の「さわり」はいちばんの聴かせどころ。

情け(なさ)は人(ひと)のためならずってどんな意味(いみ)？

1 情け(なさ)は相手(あいて)のためにならない。

2 情け(なさ)は自分(じぶん)のためになる。

大人も知らない ことばのまちがい

「情けは人のためならず」とは、情けは人のためだけではなく、めぐりめぐって、いつか自分にもいいことが返ってくるから、人に親切にすべきだという意味のことわざです。

ですから、答えは2。

ところが、この意味を「だれかに情けをかけるのは、その人のためにならない」と、まちがって使っている人も多いようです。

「人のためならず」の「ならず」は、「ではない」という意味なので、「人のためではない」となります。つまり、「自分のため」なのです。

じつは…2

結局、情けは自分のためにかけるもの……という意味。

はなむけの言葉(ことば)っていつ いうの？

1 旅立(たびだ)ちや門出(かどで)のとき

2 入学(にゅうがく)や入社(にゅうしゃ)のとき

「はなむけ」という言葉を知っていますか？

旅立っていく人や別れていく人におくるお金や品物、歌、言葉などのことです。「せん別」と同じ意味で使われます。つまり、答えは1。

「はなむけ」は、元をたどると「鼻向け」。昔の日本では、旅立つ人のために、旅の無事を祈って、その人が乗る馬のくつわを取って、馬の「鼻」をこれから進む方向に「向け」てあげる習慣がありました。

この「鼻向け」が、のちに、旅立ちや門出を祝う「はなむけ」になっていったのです。

じつは…1

はなむけは「花向け」ではなくて「鼻向け」。

天地無用

天地無用ってどんな意味？

1 逆さにしてもよい。

2 逆さにしたらダメ。

届いた荷物の箱に、ときどき「天地無用」というシールがはってあることがあります。

この場合、その荷物をどうあつかったらよいかわかりますか？

大人でも、「上下を気にしないでよい」という意味だと、かんちがいをしている人が多くいます。

「天地」は荷物などの「上と下」のこと、「無用」は「してはならない」ことを意味しています。

つまり、「天地無用」とは、「上下を逆にしてはいけない」という意味なので、答えは2です。

天地無用の意味をまちがえていても、シールの矢印の向きでわかる！
UP
天地無用
「天地」と「無用」の間に「逆にする」の意味が省略されてるなんて……。

じつは…2

「無用」とは「いらない」ではなく「してはいけない」という意味。

議論が煮つまるの意味は？

1 議論が十分できて結論が出せる。

2 議論に行きづまり結論が出せない。

鍋で食材をグツグツと煮ていくと、だんだんと水分が少なくなっていきます。食材を十分に煮つめると、味のしみこんだおいしい料理に仕上がります。

その様子を話し合いの場に例えて、「議論や考えが出つくして結論が出る状態になる」という①の意味で用いられるようになりました。

ところが、現在では、煮すぎるとこげてしまうことから、「議論に行きづまり結論が出ない」という意味でも使われるようになり、辞書にも新しい意味として載っています。

ですから、どちらの意味でも正解といえます。

どちらも正解

本当の煮つまった状態はまだこげていない。

まごにも衣装（いしょう）って どんな意味（いみ）？

1 ちゃんとした服（ふく）を着（き）ればどんな人（ひと）もよく見（み）える。

2 孫（まご）にはどんな服（ふく）を着（き）せてもかわいく見（み）える。

大人も知らない ことばのまちがい

誤解している人も多いようですが、「まご」を漢字で書くと、「孫」ではなく「馬子」です。

馬子とは、馬を引いて人や荷物を運ぶ仕事をしていた人たちのこと。

粗末な身なりをした馬子でも、ちゃんとした服を着ればそれなりに立派に見えるということから、「馬子にも衣装」ということわざができたのです。

ですから、答えは①。

まちがいに気づかず、本来の意味とはちがった意味で使ってしまうと、相手に対してとても失礼になるので気をつけましょう。

じつは…1

「まご」は漢字で書くと「孫」ではなくて「馬子」。

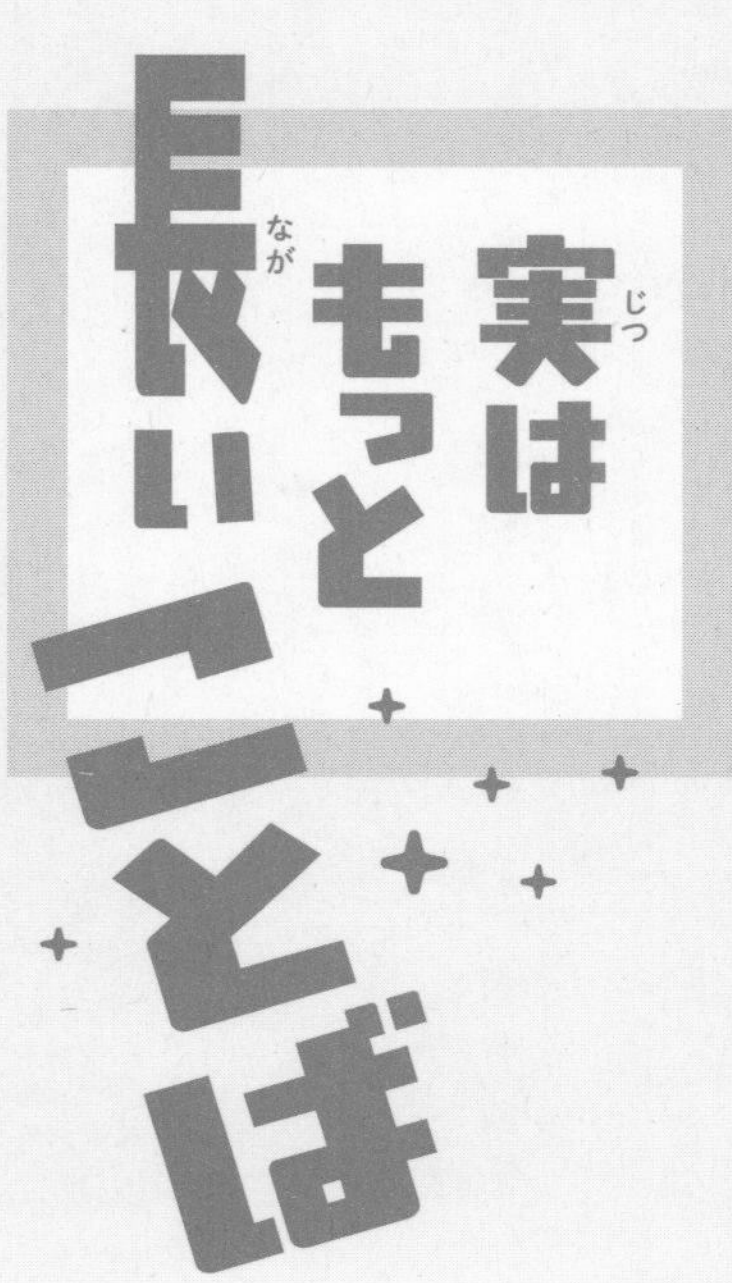

14ページにあるように、じゃがいもはもともと「じゃがたらいも」。このように、もともと長い名前が省略された略語がいくつもあります。たとえば、「教科書」は、本当は「教科用図書」といいます。ふつうに使っているけど、じつは略語だったというものを紹介します。

【イギリス】
↓グレートブリテンおよび北アイルランド連合王国の略。

【エアコン】
↓エアコンディショナーの略。

【オーケー】
↓オールコレクトの略。

【カラオケ】
↓空オーケストラの略。

【寒天】
↓寒ざらし心太の略。

【切手】
↓切符手形の略。

【軍手】
↓軍用手袋の略。

【コンビニ】
↓コンビニエンスストアの略。

【サブスク】
↓サブスクリプションの略。

【食パン】
↓主食用パンの略。

【ソフトクリーム】
↓ソフト・サーブ・アイスクリームの略。

【断トツ】
↓断然トップの略。

【電車】
↓電動機付き客車（電動客車）の略。

【電卓】
↓電子式卓上計算機の略。

【デパート】
↓デパートメントストアの略。

【ドタキャン】

↓土壇場（直前）でキャンセルの略。

【パソコン】

↓パーソナルコンピューターの略。

【万博】

↓万国博覧会の略。

【ピアノ】

↓クラヴィチエンバロ・コル・ピアノ・エ・フォルテの略。

【ビー玉】

↓ビードロ玉の略。

【ファミレス】

↓ファミリーレストランの略。

【ボールペン】

↓ボール・ポイント・ペンの略。

【リモコン】

↓リモートコントロールの略。

【レーザー】

↓ライト・アンプリフィケーション・バイ・スティミュレイテッド・エミッション・オブ・ラジエーションの略。

昔から日本で使われてきたことばに大和ことばというのがあります。古くて雅なことばなので、使うとちょっと大人っぽいかっこいい作文を書けたりします。そんなことばたちを紹介しましょう。

【油を売る】
↓仕事をなまけてむだ話をする。

【あまねく】
↓もれなくすべてに及んでいる様子。

【一目置く】
↓尊敬する。

【後ろ髪を引かれる】
↓思い残しがあって、決断できない。

【お墨付き】
↓権威のある人が実力や価値を保証する。

【しのつく雨】
↓大雨のこと。

【したり顔】
↓得意げな顔のこと。

【そつがない】
↓むだが無い。ぬけめが無い。

【たたずまい】
↓立っている様子やそのものの雰囲気。

【つつがない】
↓問題が無く無事である。

【のっぴきならない】
↓逃げることもままならない。

【まろやか】
↓形が丸い様子。口当たりが優しい。

【虫の知らせ】
↓悪い予感。

【もっけの幸い】
↓思いがけない幸運。まぐれ当たり。

【ゆゆしい】
↓重大な。不吉である。

参考文献・資料

『広辞苑 第7版』新村出・編（岩波書店）

『大辞林』松村明・編（三省堂）

『大漢和辞典』諸橋轍次・著　鎌田正・修訂増補　米山寅太郎・修訂増補（大修館書店）

『小学生のまんが語源辞典　新装版』金田一春彦・監修　金田一秀穂・監修（Gakken）

『小学生のまんが言葉の使い分け辞典　同音異義・異字同訓・類義語・反対語』金田一秀穂・監修（Gakken）

『ワケあり!?なるほど語源辞典』富樫純一・監修　さがわゆめこ・絵　グラフィオ・編著（金の星社）

『きっと誰かに話したくなる!　身近なアノ名前クイズ100』（JTBパブリッシング）

『教科書では教えてくれない　ゆかいな日本語』今野真二・著（河出書房新社）

『国語おもしろ発見クラブ　思いちがいの言葉』山口理・著（偕成社）

『国語おもしろ発見クラブ　思いちがいの言葉2』山口理・著（偕成社）

『語源500　面白すぎる謎解き日本語』日本語倶楽部・著（河出書房新社）

『ことば検定【語彙】編』テレビ朝日「グッド!モーニング」編　林修・協力（朝日新聞出版）

『そうだったのか!　語源の謎』日本語倶楽部・編（河出書房新社）

『なぜなに日本語』関根健一・著（三省堂）

『日本語の大疑問　眠れなくなるほど面白いことばの世界』国立国語研究所・編（幻冬舎）

『日本人なら知っておきたい言葉の由来』柚木利博・編（双葉社）
『まんがことばの成り立ち　知らなかった！「語源」500』よだひでき・著（ブティック社）
『きっと誰かに話したくなる！　身近なアノ名前クイズ100』原万有伊・著（JTBパブリッシング）
『みんなでもりあがる！学校クイズバトル　ことばクイズ王』学校クイズ研究会・編著（汐文社）
『目からうろこ！知っているようで知らない日本語』宮腰賢・著（評論社）

監修　青木伸生

筑波大学附属小学校 国語教育研究部 教諭。全国国語授業研究会会長。教育出版国語教科書編著者。日本国語教育学会常任理事。筑波大学非常勤講師。著書に『青木伸生の国語授業 3ステップで深い学びを実現！ 思考と表現の枠組みをつくるフレームリーディング』『青木伸生の国語授業 フレームリーディングで文学の授業づくり』『青木伸生の国語授業 フレームリーディングで説明文の授業づくり』『基幹学力をはぐくむ「言語力」の授業 四つの授業提案』（いずれも明治図書出版）、『個別最適な学びに生きる フレームリーディングの国語授業』（東洋館出版社）ほか多数。

文　上村ひとみ・大宮耕一

イラスト　工藤ケン、クドウあや、iStock、PIXTA

カバーイラスト　フジイイクコ

アートディレクション&ブックデザイン　辻中浩一&村松亨修（ウフ）

校閲　山田欽一、澁谷周平（朝日新聞総合サービス 出版校閲部）

編集デスク　竹内良介

編集　大宮耕一

あした話したくなる 大人も知らない ことばの世界

2024年1月30日　第1刷発行

監修　青木伸生
編著　朝日新聞出版
発行者　片桐圭子
発行所　朝日新聞出版
〒104-8011
東京都中央区築地5-3-2
電話　03-5541-8833(編集)
03-5540-7793(販売)
印刷所　大日本印刷株式会社

Published in Japan by Asahi Shimbun Publications Inc.
ISBN 978-4-02-332313-1

定価はカバーに表示してあります。

落丁・乱丁の場合は弊社業務部(03-5540-7800)へご連絡ください。
送料弊社負担にてお取り替えいたします。